十万个为什么
科学绘本馆
（第一辑）

中国工程院院士　　曾溢滔
上海交通大学特聘教授　曾凡一　主　编

形状的力量

为什么金字塔是三角形的？

费肖夫　余颖捷　文／图

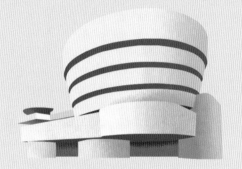

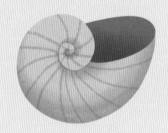

少年儿童出版社

让孩子在艺术中欣赏世界，在科学中理解世界
——《十万个为什么·科学绘本馆》主编寄语

曾溢滔　院士

遗传学家，上海交通大学讲席教授，上海医学遗传研究所首任所长，1994 年当选为首批中国工程院院士。长期致力于人类遗传疾病的防治以及分子胚胎学的基础研究和应用研究，我国基因诊断研究和胚胎工程技术的主要开拓者之一。《十万个为什么（第六版）》生命分卷主编。

曾凡一　教授

医学遗传学家，上海交通大学特聘教授，上海交通大学医学遗传研究所所长。国家重大研究计划项目首席科学家，教育部长江学者特聘教授，国家杰青。主要从事医学遗传学和干细胞以及哺乳动物胚胎工程的交叉学科研究。《十万个为什么（第六版）》生命分卷副主编，编译《诺贝尔奖与生命科学》《转化医学的艺术——拉斯克医学奖及获奖者感言》等，任上海市科普作家协会副理事长和上海市科学与艺术学会副理事长等社会职务。

《十万个为什么》在中国是家喻户晓的科普图书。1961 年，第一版《十万个为什么》由少年儿童出版社出版发行，60 余年间，出版了 6 个版本，成为影响数代新中国少年儿童成长的经典科普读物，被《人民日报》誉为"共和国明天的一块科学基石"，为我国科普事业做出了重大贡献。如何将经典《十万个为什么》图书产品向低龄读者延伸，让这一品牌惠及更为广泛的人群，启发孩子好奇心，满足不同年龄层、不同知识储备的青少年儿童读者需求，成为这一经典品牌面临的机遇与挑战。

科学绘本兼具科学性与艺术性，这种图书形式能够将一些传统认为对儿童来说难以讲述、深奥的科学知识用图像这种形象化、更具吸引力的艺术形式呈现。科学绘本这一科学讲述形式对于少年儿童读者来说，具有极大的吸引力，使少年儿童读者乐意迈出亲近科学的第一步，并形成持续钻研科学的内驱力，在好奇心的驱动之下，他们有意愿阅读更多、更深入、更专业的书籍，在探索科学的道路上披荆斩棘。少年强则中国强，从小接受科学洗礼的孩子们，最终必将为我国的科学事业贡献出自己的力量。

《十万个为什么·科学绘本馆》在以下这些方面力图取得创新。

1. 构建绘本中的中国世界，宣传中国价值观，展现中国科技力量。

《十万个为什么·科学绘本馆》中所出现的场景、人物形象立足中国孩子的日常生活，不仅能够让中国儿童在阅读中身临其境、产生共鸣，也有助于中国儿童学习我国的核心价值观与民族文化，建立文化自信。

2. 学科体系来源于《十万个为什么（第六版）》的经典学科分类。

金字塔是用石砖堆叠而成的。

有人认为，古埃及人从塔底开始搭建坡道，坡道紧贴塔身逐渐上升。借助坡道，人们将石砖运送到更高的位置，越向上使用的石砖越少。

三角形让金字塔的重心更低，更加稳固。

三角形是什么？
是埃及尼罗河畔的金字塔！

　　5000 年前，古埃及人修建了金字塔，里面安放着法老的木乃伊、古代的珍宝和精美的壁画。

　　虽然经历了几千年的风霜，金字塔依然屹立在古老的埃及土地上。

　　人们站在金字塔下，仿佛可以穿越时光，亲眼目睹几千年前的建造现场……

《十万个为什么·科学绘本馆》的学科体系为《十万个为什么（第六版）》18册图书的延续与拓展。可分为"发现万物中的科学（数学、物理、化学、建筑与交通、电子与信息、武器与国防、灾难与防护等领域）""冲向宇宙边缘（天文、航空航天等领域）""寻找生命的世界（动物、植物、微生物等领域）""翻开地球的编年史（古生物、能源、地球等领域）""周游人体城市（人体、生命、大脑与认知、医学等领域）"五大领域。

3.科学绘本故事与"十万个为什么"经典问答的新型融合，由浅到深进入科学，形成科学思维。

《十万个为什么·科学绘本馆》每册一个科学主题。先有逻辑分明的科学故事带领小读者初步了解主题、进入主题，后有逻辑清晰、科学层次分明的"为什么"启发小读者在此主题下发散思维，进一步探索和思考。

4.遇见——深化——热爱，借助艺术的力量让孩子爱上科学。

在内容架构方面采用树状结构，每册图书均由"科学故事""科学问答""科学艺术互动"三大板块构成。通过科学故事带领儿童了解某一领域的科学主题，并进入主题，对主题产生兴趣；通过科学问答对主题进行演绎，促发科学思维构建；通过《科学艺术互动手册》帮助孩子以动手动脑、艺术探索的方式进一步深化主题，突破传统绘本极限。

5.科学家、科普作家与插画家的碰撞与创新。

《十万个为什么·科学绘本馆》的创作团队采取了科学家、科普作家以及插画家的模式。绘本的文字部分由来自世界各地的优秀中青年科学家、科普作家担纲创作，插画部分由中国中青年插画家执笔完成，实现了科学严谨、艺术多元的创作理念。

《十万个为什么·科学绘本馆》以科学绘本这种形式，契合当代儿童读者的阅读偏好。以"科学故事""科学问答""科学艺术互动"三步走的架构，构建出对儿童进行科学教育和艺术教育的有效启蒙途径。以覆盖全科学的策划理念为儿童提供多学科学习和跨学科学习的阅读工具。

《十万个为什么·科学绘本馆》将借助数字化时代多样化的技术手段，突破传统图书范畴，以覆盖线上线下的科学绘本课、科学故事会、科学插画展等形式，为我国少年儿童科学普及探索符合时代潮流的新通路。将科学普及工作有效地面向更广阔的人群，特别是广大少年儿童，为实现全民科学素质的根本性提高，推动我国加快建设科技强国、实现高水平科技自立自强做出贡献。

◎ 把土堆成斜坡，沿金字塔螺旋……
……比拉。

还有人认为，当时的人利用了巨大的杠杆，一端用绳子绑住石块，另一端通过人力将石块吊往高处，然后将石块一层层往上堆砌。

③ 石料被加工成合适尺寸的石砖。

方形是什么？
是北京的四合院！

　　四合院由南面的倒座、东西厢房和北面的正房围出方正的院落。

　　这种坐北朝南的建筑形式，既能抵御冬季的北风，又能让阳光洒满屋子。

① 在尼罗河上游，有一座天然的采石场，建造金字塔的所有石材都取自这里。

② 满载石材的船只沿尼罗河顺流而下，停泊在金字塔工地旁的石料堆场。

圆形是什么？
是客家土楼！

城堡一样的土楼，
宏伟又坚固。厚厚的
土墙，围成外圈；精
致的内廊，连接起家
家户户。

圆心的祠堂，供奉着
祖先，凝聚着今天的家族。
圆形让人们聚在一起，
互帮互助，其乐融融！

把圆形横切一半是什么？是半圆形。
半圆形是江南水乡的石拱桥！

这里河网纵横，水路交错。

一座座石拱桥轻盈地跨越河流。

古镇的人们每天在桥上来来往往，一艘艘小船在桥洞下往来穿梭。

拱形让桥身无比坚固，肩负着来往行人货物，不怕风雨冲刷，时光侵蚀。

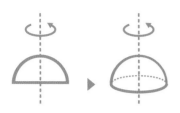

如果让半圆形沿对称轴转上一圈，会发生什么？
那就有了半球形。
半球形是因纽特人的冰屋！

　　北极圈的冰天雪地里，因纽特人就地取材，用冰砖垒出半球形的住所。

　　冰屋的入口被修成细长通道，人们像坐滑梯一样滑进屋里，把刺骨的寒风抛在身后，就算外面大雪纷飞，冰屋里的一家人也暖融融的！

半球形的穹顶，能扩大室内空间，也能保护屋顶，
使它不易融化。

如果半圆形遇到矩形，会发生什么？

那就有了拱券。
拱券是古罗马建筑重要的构成元素！

拱券能将上部建筑结构的荷载传递到地面上，这样就能打破围墙的束缚，使建筑内部空间大大拓宽。

恢弘的水渠、神庙、竞技场，都由拱券构建。

如果各种各样的形状在平面上汇聚，会发生什么？那就变成了苏州园林的花窗！

正方形、八边形、扇形、海棠花形……围墙上的花窗形状千变万化，透出亭台楼榭的一角，引得人们想要进入园中，一探究竟。

它是现代建筑的开端，各种几何形状构成了它的立体空间。

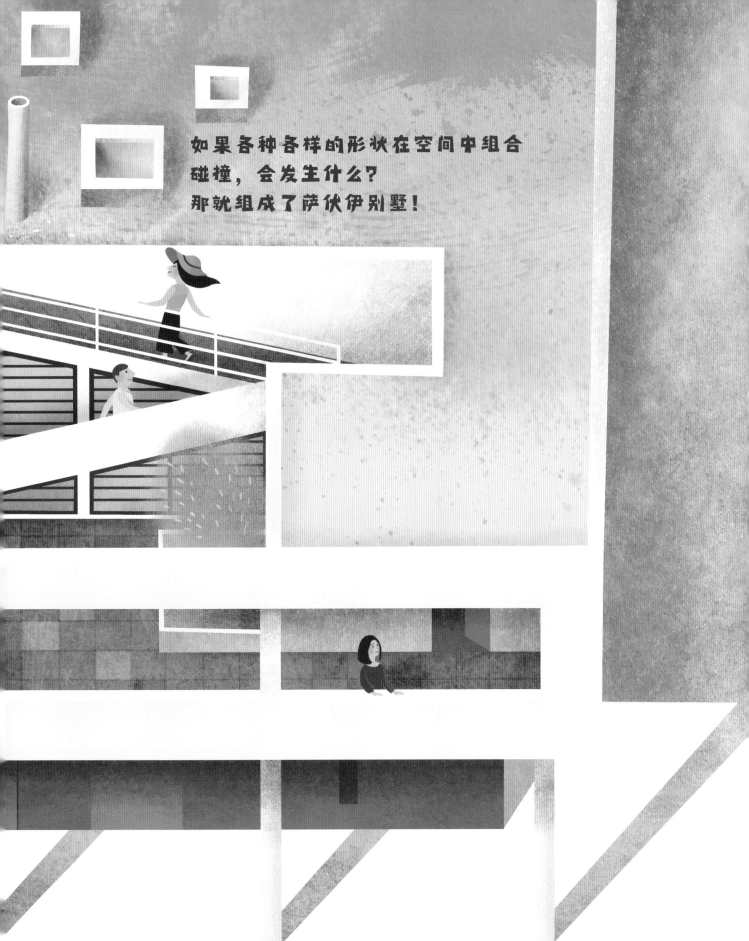

如果各种各样的形状在空间中组合碰撞，会发生什么？
那就组成了萨伏伊别墅！

人们从架空的底层进入建筑内部，经由长长的坡道，穿过室内空间，在二层的长条形窗前驻足，最后在由各种形状组成的屋顶花园中眺望美景。

在不久的将来，也许
你会有机会搬家到火星，

那里的建筑会是什么形状，由你来定。

或者住在海底深处。

快来画下你的未来家园吧！

为什么蜂巢是六边形的？

蜜蜂是天生的数学家和工程师。

六边形不仅能以最小的周长围出一个平面，而且六边形非常稳固，正六边形可以紧密排列在一起，中间不留空隙。

这样就能用最少的蜂蜡建造最宽敞，最坚固的巢室。

一座蜂巢有多少个六边形小房间？

有的作为食物仓库；

有的用作育婴房，是幼蜂长大的地方；

数以万计！不同的小房间被规划了不同的功能：

有的房间正在修建，建筑原材料就是蜂蜡。

蜂蜜

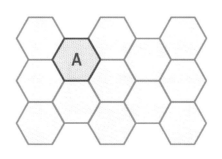

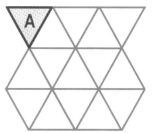

如果蜂巢不是六边形的会发生什么？

如果蜂巢是三角形或是四边形，在相同周长的情况下，所围的面积比六边形要小；如果是八边形，那中间就会出现空隙，浪费宝贵的空间。

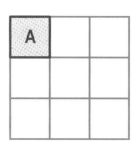

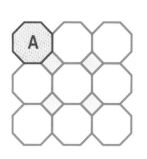

为什么海螺的贝壳是螺旋形的？

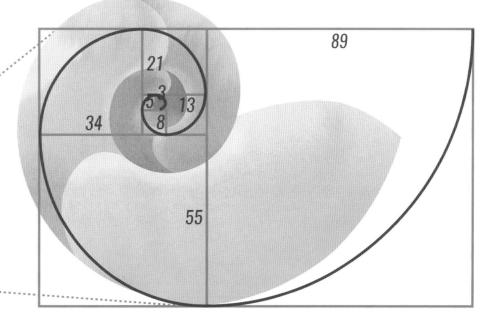

海螺是天生的数学家，它的贝壳包含了奇妙的数学规律：斐波那契数列。从中心开始向外扩散，1+1=2，1+2=3，2+3=5……美丽的螺旋形成了！

除了海螺，鲜花花瓣的数目，果实颗粒的分布……自然界中很多现象都符合斐波那契数列。

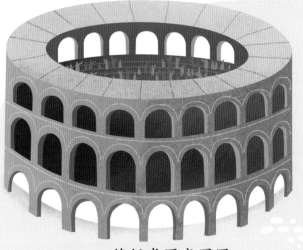

将拱券围成圆圈，
就形成了竞技场。

为什么古罗马的剧场是半圆形的？

这源于古希腊时期的剧场，那时大多数剧场傍山而建，所以只需要建造一半，观众席在山坡上层层升起。到了古罗马时期，人们开始用拱券结构将观众席架了起来，但依然保留了半圆形的形状。

将拱券排列起来，就形成了拱廊。

怎样使拱券变换出各种建筑形式？

将两个拱券交叉，就形成了教堂的十字拱廊。

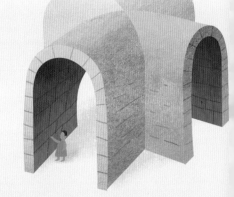

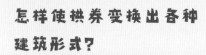

将一排拱券叠起来，就形成了水渠。

古罗马水渠是用来做什么的？

隧道的顶部为什么是拱形的？

将拱券加厚，就形成了隧道。

拱形的截面能把力均匀地传递到相对稳固的侧壁，使隧道更坚固和安全。

水渠跨越高山河流，将山上的水引流至城市，再分到公共澡堂、喷泉和私人住宅。

怎样使图形从平面变成立体？

单一的形状可以通过旋转获得新的几何形体，比如：

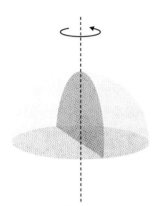

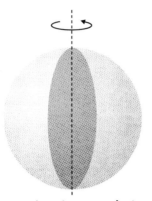

把半圆形沿对称轴旋转就形成了半球体。

把圆形沿中轴旋转就形成了球体。

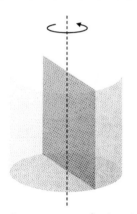

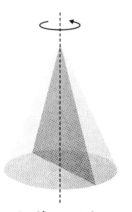

把矩形沿中轴旋转就形成了圆柱体。

把等腰三角形沿对称轴旋转就形成了圆锥体。

车轮为什么是圆形的？

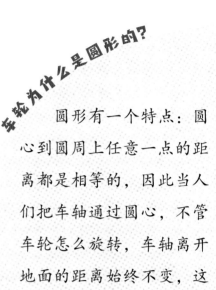

圆形有一个特点：圆心到圆周上任意一点的距离都是相等的，因此当人们把车轴通过圆心，不管车轮怎么旋转，车轴离开地面的距离始终不变，这样行驶起来才会平稳。

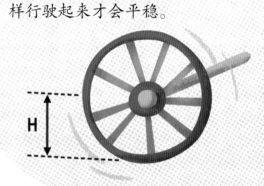

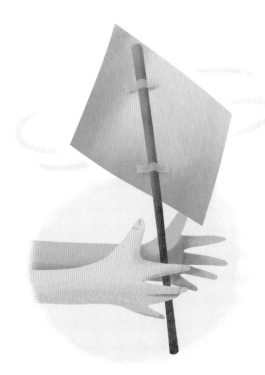

不规则的形状经过旋转，会变成像花瓶一样形状丰富的立体图形，制作瓷器的拉坯机就是使用了类似的原理。

这组色彩缤纷的教堂在哪里？

这是莫斯科的瓦西里升天教堂，它那彩色洋葱头一样的圆顶宛如童话中的建筑。

北欧传统建筑的屋顶为什么很陡？

北欧的冬天非常寒冷，会下很大的雪，坡度很大的屋顶有利于排雪。

为什么卢浮宫前有一座玻璃金字塔？

这座玻璃金字塔是卢浮宫的入口，在建成时曾饱受非议，如今它却成为巴黎的地标，吸引着全世界慕名前来的游客。

荷兰鹿特丹港口的"方块屋"能住人吗？

"方块屋"呈45°倾斜，这其实是建筑师的设计理念——致敬大树。这里不光能住人，还是商店、餐厅、咖啡馆，连学校都有！

为什么佛罗伦萨主教堂的圆顶高耸入云？

这座教堂是意大利文艺复兴的开创性作品。它的穹顶坐落在约55米的鼓座上，从城市的各个角落都能看到。

非洲为什么可以使用茅草屋作为房屋？

非洲全年气候炎热，降雨很少，不用担心暴雨会损毁房屋。茅草屋的屋顶就像一个大大的圆锥形草帽，冬暖夏凉。

印第安人的帐篷是怎么搭建的?

将数根长木杆的一端捆绑在一起,另一端散开固定在地面上,然后在上面覆盖上桦树皮、兽皮、帆布等材料,形成圆锥形的帐篷。

为什么国家体育馆被叫作"鸟巢"?

"鸟巢"是2008年北京奥运会主会场国家体育馆,它由24根钢梁相互交叉盘旋构成基本结构,再在其中架设固定钢梁,看起来很像一座鸟巢。

为什么古根海姆美术馆没有楼梯?

纽约的古根海姆美术馆是一座螺旋形的建筑,从一层的坡道盘旋而上,边走边参观,直到顶层。

为什么苏州园林中凉亭的屋顶会翘着角?

最初人们设计翘起的檐角是为了使屋顶更结实,后来则更多出于审美的考虑。

在瀑布上能造房子吗?

流水别墅!它共有三层,上层的长方体看起来像悬空着一样,瀑布从架空的底层流过,使得这座建筑与周围的森林山石融为一体。

悉尼歌剧院的屋顶灵感来源是什么?

这座悉尼地标建筑的屋顶让人过目难忘,它的设计灵感来自切开的橘子瓣。

古代玛雅的高台建筑是用来做什么的?

高台建筑如同层叠而上的梯形,代表了古玛雅人对天神的崇拜。它可能被用来祭祀,或是用来观测天象。

图书在版编目（CIP）数据

形状的力量：为什么金字塔是三角形的？ / 费肖夫，
余颖捷文、图. —上海：少年儿童出版社，2023.1
（十万个为什么. 科学绘本馆. 第一辑）
ISBN 978-7-5589-1551-2

Ⅰ. ①形… Ⅱ. ①费… ②余… Ⅲ. ①形状—儿童读
物 Ⅳ. ① O123-49

中国版本图书馆 CIP 数据核字（2022）第 236431 号

十万个为什么·科学绘本馆（第一辑）

形状的力量——为什么金字塔是三角形的？

费肖夫 余颖捷 文 / 图

陈艳萍 整体设计
赵晓音 装帧

出 版 人 冯 杰
策划编辑 王 慧

责任编辑 王 慧 美术编辑 赵晓音
责任校对 沈丽蓉 技术编辑 谢立凡

出版发行 上海少年儿童出版社有限公司
地址 上海市闵行区号景路 159 弄 B 座 5–6 层 邮编 201101
印刷 深圳市福圣印刷有限公司
开本 889×1194 1/16 印张 2.25
2023 年 1 月第 1 版 2024 年 5 月第 3 次印刷
ISBN 978–7–5589–1551–2 / N·1246
定价 38.00 元